ABHANDLUNGEN
ÜBER DIE CYCLOGENIE DER BAKTERIEN
HERAUSGEGEBEN VON PROFESSOR DR. GÜNTHER ENDERLEIN
HEFT 1

ÜBER DIE GRENZGEBIETE ZWISCHEN BAKTERIEN UND PROTOTEN

VON

GÜNTHER ENDERLEIN
IN BERLIN

MIT 6 FIGUREN IM TEXT

BERLIN UND LEIPZIG 1928

VERLAG VON WALTER DE GRUYTER & CO.
VORMALS G. J. GÖSCHEN'SCHE VERLAGSHANDLUNG — J. GUTTENTAG, VERLAGSBUCHHANDLUNG — GEORG REIMER — KARL J. TRÜBNER — VEIT & COMP.

Druck von Walter de Gruyter & Co., Berlin W 10

Zur Einführung.

In den drei Jahren seit dem Erscheinen der Bakterien-Cyclogenie haben diese Auffassungen über die Entwicklung der Bakterien immer mehr Anerkennung gefunden, die anfängliche Ablehnung ist immer mehr zurückgedrängt worden und die anfängliche Zurückhaltung ist mehr und mehr gewichen. Da diese günstige Entwicklung für die Weiterentwicklung der Bakteriologie und der Kenntnis der subvisiblen und invisiblen Organismen von fundamentaler Bedeutung ist, dürfte es an der Zeit sein, ein Organ zu schaffen, in dem Baustein zu Baustein an diesem Gebäude zusammengetragen wird.

So sollen die „Abhandlungen über die Cyclogenie der Bakterien" besonders eine Stätte sein für Bearbeitungen von Monographien cyclogenetischer Vorgänge. Einzelne Arten oder Artengruppen in ihrem cyklodischen Verhalten auf das eingehendste zu prüfen, soll das Programm sein, dem dieses Organ zur Verfügung steht. Aber auch der allein und ausschließlich auf dieser Basis überhaupt möglichen Klassifikation der Bakterien und Prototen soll hier eine Stätte geschaffen werden.

Da eine wissenschaftliche Klärung dieser Fundamentalfragen das Hauptziel darstellt, wird auch sachlicher Kritik im ablehnenden Sinne hier gern Platz geboten.

Der Vorstellung über den gesetzmäßigen Aufbau der lebenden Organismen entspricht es durchaus, daß in Grenzgebieten sich Erscheinungen darbieten, die als Zwischenformen verbindenden Gesichtspunkten zugänglich sind. So sind bei höheren Protozoen Vorgänge beobachtet worden, die vorübergehend eine mehr oder weniger starke Vermehrung der diploiden Anzahl der Chromosomen erkennen lassen. HARTMANN hat in seiner klassischen Studie (Die Konstitution der Protistenkerne, Jena 1911) sich eingehender mit diesen polyenergiden Zellen, die eine Polyvalenz des Kernes aufweisen, befaßt. In ähnlicher Weise habe ich 1916 und 1925 (Bakterien-Cyclogenie[1])) bei höheren Bakterien eine Mehrwertigkeit des Kernapparates (Mych) beobachtet; diese polydynamen Zellen, die ich mit Symmychite bezeichnete, erreichen vorübergehend eine morphologische Wertigkeit, die den Protozoen eigen wäre. Es ist sicher, daß solche Organismen, die so in einem kurzen und vorübergehenden Entwicklungsstadium in eine ganz andere Organisationsstufe hineinragen, auch systematisch eine Sonderstellung einnehmen. Nur erscheint es wenig zweckmäßig, sie ganz aus ihrem natürlichen Zusammenhang herauszureißen-schon deswegen, weil eine scharfe Grenze gar nicht festgesetzt werden kann. Denn auch diese Erscheinungen gehen bei den verschiedenen Organismen allmählich über in die ursprüngliche Einfachheit.

Nach Analogie müßte man nun auf die Vermutung kommen, daß auch zwischen der niedrigsten Bakteriengruppe, den Monomychoten, jenen Formen, die über die Kugel- und Doppelkugelform (Mychit und Diplomychit) nicht hinwegschreiten, und den Prototen, den von mir in Bakterien-Cyclogenie p. 327 charakterisierten Urorganismen, nur aus Kernmasse ohne Spur eines Zellplasmarestes bestehend, ähnliche Beziehungen aufweisen.

Tatsächlich scheinen auch hierfür Beweise schon vorzuliegen. Zunächst muß ich auf zwei hochbedeutende Werke hinweisen, und zwar: HERZOG, H., Über die Natur des Trachom-Erregers[2]) (1910) sowie: HERZOG,

---

[1]) Enderlein, Bakterien-Cyclogenie. Verlag W. de Gruyter & Co. 1925. 390 Seiten, 330 Figuren.

[2]) Berlin, Urban und Schwarzenberg. 1910. 56 p. 2 Taf.

H., Die Involutionsformen des Gonococcus Neißer und ihre Rolle als intraepitheliale Zellparasiten (1913)[1]).

Zunächst hatten diese wertvollen Studien HERZOGS an der Hand unumstößlicher biologischer und morphologischer Nachweise mit Sicherheit bereits damals ergeben, daß die Chlamydozoen PROWAZEKS, die dieser zu den Protozoen gestellt hatte, keineswegs etwa einen einheitlichen Begriff darstellen. Während nämlich PROWAZEK den Trachom-Körper als aus Chlamydozoen bestehend interpretiert, bringt HERZOG den überzeugenden Nachweis, daß es sich um „Jugendformen" (cf. pag. 8) einer Bakterie, und zwar eines Diplococcus handelt. Auf Grund der Untersuchungen HERZOGS besteht kein Zweifel, daß es sich beim Trachom-Erreger zumindest um eine dem *Diplococcus gonorrhoeae* (Neißer) außerordentlich nahestehende Spezies handelt, die diesem in allen Erscheinungen zum Verwechseln ähnelt.

HERZOG hat die Entwicklung sowohl des Gonorrhoe-Erregers, wie des Trachom-Erregers eingehend studiert, und es stellt sich die erstaunliche Tatsache heraus, daß HERZOG bereits damals (und auch schon in einer früheren Veröffentlichung, 1909) den Kreislauf der Entwicklung dieses Organismus ganz in cyclogenetischem Sinne erkannt hat und daher mit FUHRMANN (1906) überhaupt zu den ersten gehört, denen sich ein näheres Verständnis der Cyclogenie erschloß. Auch die Teilungsvorgänge schildert er bereits ausführlich. Da es sich um einen unter den Bakterien phylogenetisch so niedrigstehenden Organismus handelt, waren die Resultate für die Allgemeinheit zu wenig auffällig, so daß diese Entdeckung nicht beachtet worden ist.

Die Microgonococcen HERZOGS entsprechen voll und ganz dem **Probasit-Stadium** (cf. ENDERLEIN 1925, pag. 137). In diesem Stadium herrscht die Kugel (Mychit) vor, und das Teilungsstadium, die Doppelkugel (Diplomychit), bei der jede der beiden Kugeln gegeneinander abgeplattet erscheint, besteht nur für ganz kurze Zeit, so daß solche Formen nur relativ selten beobachtet werden oder doch entschieden zurücktreten. Im Vergleich zum Basoit-Stadium sind die Einzelkugeln (Mychite) sehr klein. Dieses Probasit-Stadium ist nun beim Erreger des Trachoms das dem Viro Stadium eigentümliche; der gesamte Trachom-Körper besteht aus solchen Probasiten. Die außerordentliche Kleinheit dieser winzigen Kugeln, die HERZOG auf nur 0,2 μ angibt (pag. 9), veranlaßte PROWAZEK, sie als der Gattung *Chlamydozoon* Prow. zugehörig aufzufassen. Andererseits hatte HERZOG bei der Zucht von Material von typischer Gonorrhoe neben den selten auftretenden typischen Basoiten (vorherrschend große

[1]) Virchows Arch. f. path. Anatom. u. Phys. 212. Bd. 1913. p. 243—367. (7 Textfig. u. 2 Tafeln.)

Doppelkugeln) in vorherrschendem Übergewicht die winzigen Probasite nachgewiesen. Bei der Blennorrhoe, besonders der Ophthalmo-Blennorrhoe, fand sich ebenfalls das gleiche Stadium, nur bei ganz jungen Fällen daneben auch einzeln das Basoit-Stadium. Daß übrigens der Gonorrhoe-Erreger, Trachom-Erreger wie alle Arten dieser Gruppe und ganz besonders der Meningitis-Erreger gramnegativ erscheinen, ergibt sich aus dem mehr oder weniger großen Mangel an Reservestoffen; sie haben eben, wie viele ausgesprochene Parasiten — ich erinnere nur an die Taenien, die des Fettkörpers gänzlich ermangeln —, nicht mehr nötig, sich reichliche Reservestoffe anzuhäufen; eine Ausnahme macht der *Dipl. crassus* (v. Lingelsheim), der ja auch als wenig ausgesprochener Parasit einer künstlichen Kultur viel weniger Schwierigkeiten entgegensetzt, und der durch Anhäufung von Reservestoffen häufig mehr oder weniger grampositiv ist; zumindest sind einzelne eingestreute Mychite und Diplomychite in atrophischem oder miotrophischem Zustande gramnegativ. Dieser Erreger eines Katarrhes ist häufig mit schwächeren Genickstarre-Erscheinungen verbunden, wie es z. B. während der Kriegsjahre in einem Lazarett in Stralsund bei einer Massen-Erkrankung an gewöhnlichem Katarrh der Fall war, was zu einem fälschlichen Verdacht auf Genickstarre geführt hatte. Auch bei *Dipl. catarrhalis* (R. Pfeiff.) ist das Virostadium bei chronischem Katarrh das Probasit; ob die winzigen Kugeln, die für die Gattung typisch intrazellular zu Haufen liegen, auch gramnegativ sind, habe ich noch nicht festgestellt, ist jedoch anzunehmen. Aber auch beim normalen Verlauf der Gonorrhoe werden die Basite im chronischen Stadium immer kleiner und kleiner, bis sie dann wohl als Probasite die Fähigkeit erlangen, in die Blutbahnen einzudringen und an Stellen geringerer Zirkulation ausfallen und hier Komplikationen erzeugen, wie etwa im Kniegelenk (gon. Arthritis).

Die Macrogonococcen Herzogs, die normalen Doppelkugeln der akuten Gonorrhoe, stellen dagegen das Basoit-Stadium dar (cf. Enderlein 1925, p. 137). Hier herrschen die gegeneinander abgeplatteten Doppelkugeln (Diplomychite) vor, und die Einzelkugeln beginnen bereits die Furchung (senkrecht zur ersten Teilungsebene!) zu einer abermaligen Teilung, wenn sie zur Isolierung voneinander abrücken. So findet man unter ausgesprochenen Basoiten häufig gar keine ausgesprochenen Einzelkugeln (Mychite) mehr. Bei der akuten Gonorrhoe ist dieses Stadium ausschließlich vertreten, ebenso bei ganz jungen Fällen der Blenorrhoe, besonders der Ophthalmo-Blenorrhoe; auch bei ganz frischen Trachomfällen ist es von Herzog unzweifelhaft nachgewiesen worden mit allen Übergängen zu dem Probasit-Stadium, also dem typischen Trachomkörper mit den winzigen Kugeln (Mychiten).

Herzog hat in der erstzitierten Publikation infolge der außerordentlichen Übereinstimmung der gesamten Cyclode des Trachom-Erregers mit dem *Diplococcus gonorrhoeae* (Neiß) die spezifische Identität beider angenommen. In dem zweiten Werke läßt er diese Frage als weniger wichtig unberücksichtigt. Die systematische Stellung des Trachom-Erregers ist jedenfalls von Herzog im Gegensatz zu Prowazek durchaus richtig erkannt worden. Da Herzog eine Benennung des von ihm entdeckten Trachom-Erregers unterlassen hat, hole ich das hier nach und widme die Spezies dem Entdecker Herrn Universitätsprofessor Dr. Hans Herzog in Berlin als **Diplococcus Herzogi** nov. spec., zumal ein schlüssiger Beweis einer Identität beider Arten nicht vorliegt, im Gegenteil der Trachom-Erreger bis heute allgemein nach dem Vorgang von Prowazek als Chlamydozoon angesehen worden ist, und Herzog der erste und einzige gewesen ist, der den Trachom-Erreger biologisch, entwicklungsgeschichtlich, ätiologisch und systematisch richtig erkannt hat.

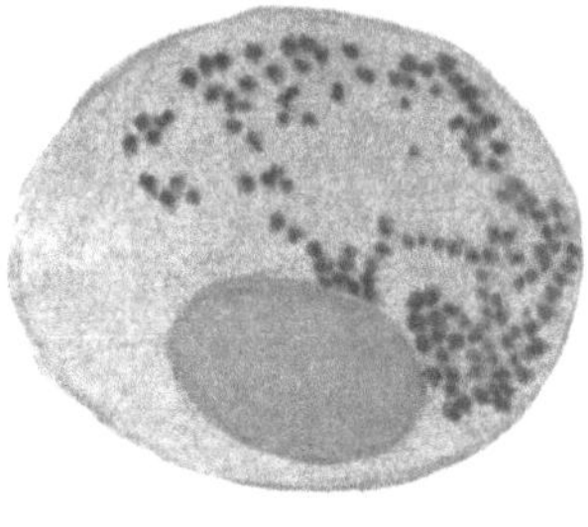

Fig. 1. Epithelzelle mit Kolonie von *Diplococcus catarrhalis* (R. Pfeiff). Kern an die Zellwand gedrängt. Vergr. ca. 1000 : 1.

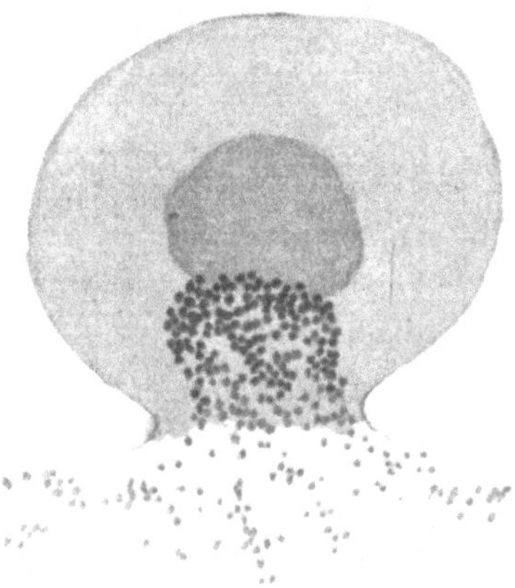

Fig. 2. Zersetzte Epithelzelle der Bronchien mit intrazellulärer Kolonie von *Diplococcus catarrhalis* (R. Pfeiffer) im Probasit-Stadium. Die Zelle ist hier bereits geplatzt und die Mychite werden ausgestreut. Vergr. ca. 1000 : 1.

Wir haben also nun gesehen, daß diese vier Krankheits-Erreger biologisch, im Verlaufe ihrer Entwicklung und in ihrer Pathogenität ein auffällig einheitliches Bild erwecken. Das klinische Bild ist bei allen das eines Katarrhes. Das histologische Bild ist bei allen dem typischen Bild eines Trachomkörpers auffallend ähnlich; — nachstehend möge zum Vergleich das Bild zweier Katarrh-Körper (Fig. 1 u. 2) dienen. Es ist der Katarrh-Körper gewissermaßen eine intrazelluläre Kolonie. Häufig ist, wie in Fig. 1, der Kern der Epithelzelle von der Kolonie des Parasiten stark an die Zellwand verdrängt. In Fig. 2 ist der Vorgang so weit gediehen, daß die zerstörte Zelle platzt und die Individuen der parasitären Kolonie ausgestreut werden. Zuweilen sind es aber auch zwei oder auch noch mehr von Einzelkolonien, die in der Epithelzelle eingedrungen sind und diese dann umgeben. Besonders bei älteren Katarrhen findet man häufig

Epithelzellen, die von allen Seiten eindringende Kugeln des *D. catarrhalis* sehr zahlreich enthalten, während dann der aus zerfallenem Zellmaterial bestehende Schleim bei Körpertemperatur einen guten Nährboden für die dann massenhaft auftretenden Basoite bildet, die darin oft zu größeren Kolonien anwachsen, die auf dem Deckglas breitgedrückt als lange völlig aus Diplomychiten bestehende Streifen sich darstellen.

Wie aus nachstehender Übersichtstabelle ersichtlich ist, liegt bei allen vier Spezies das Virostadium im Probasit; bemerkenswert ist dabei, daß *D. gonorrhoeae* (Neiß.) im Probasit ein Virostadium für Blennorrhoe, im Basoit ein anderes für Gonorrhoe besitzt, daß also zwei verschiedene Cyclostadien zwei gänzlich verschiedene Erkrankungen des Menschen verursachen.

Spezies:	Probasit [zahlreiche Kugeln (Mychite) und geringe Anzahl von Doppelkugeln (Diplomychiten)]	Basoit [zahlreiche Doppelkugeln (Diplomychite) und geringe Anzahl von Kugeln (Mychiten)]
D. catarrhalis (R. Pfeiffer)	Virostadium bei Katarrhen (intracellulär!)	besonders in künstl. Kulturen, im Schleim frei bei Katarrhen und im Sekret der Luftwege bei ca. 60 % Gesunder
D. intracellularis (Weichselb. 1887)	Virostadium bei älteren Fällen von Meningitis	Virsostadium bei frischen Fällen von Meningitis und besonders in künstl. Kulturen
D. gonorrhoeae (Neiß. 1879)	typisches Virostadium bei Ophthalmo - Blennorrhoe; vorherrschendes Stadium bei künstlicher Kultur	Virostadium bei Gonorrhoe, vereinzelt bei frischen Fällen von Ophthalmo-Blennorrhoe
D. Herzogi n. sp.	Virostadium bei Trachom	vereinzelt bei frischem Trachom

Bei den übrigen drei Arten tritt das Basoit meist nur in ganz frischen Fällen und in latenter Form bei Virus-Trägern auf, die beim *D. catarrhalis* (R. Pfeiff.) nach LEHMANN und NEUMANN (1927) etwa 60% der Personen bei uns umfaßt. Letzterer erzeugt ebenfalls, wenn auch leichte Augenerkrankungen, und auch vom *Dipl. intracellularis* (Weichselb.) sind Fälle von Parasitismus auf der menschlichen Cornea bekannt (cf. TH. AXENFELD, Die Bakteriologie in der Augenheilkunde 1907 pag. 204). Daß ferner der *Dipl. intracellularis* (Weichselb.) als ausgesprochener Parasit in beiden Cyclostadien virulent ist, kann nicht verwundern.

Auch für katarrhalische Erkrankungen der Nase (Schnupfen), des Rachens und des Mundes scheint ein ziemlich einheitliches Bild zu bestehen mit nur geringen spezifischen Unterschieden. Nur für den Trachom-Erreger (*D. Herzogi*) ist dies bisher noch nicht bekannt. Dagegen ist dies für den Genickstarre-Erreger (*D. intracellularis*) zur Genüge bekannt, und auch für den Gonorrhoe-Erreger (*D. gonorrhoeae* Neiß.) ist durch Rosinski (1891) nachgewiesen worden, daß er bei neugeborenen Kindern in Mund und Nase auftreten kann, wenn eine Infektion bei der Geburt vorliegt, wie er überhaupt in juvenile Schleimepithelien eindringt, auch vaginal, während er den adulten Uterus zu befallen pflegt und von da aus ins Innere vordringen kann. Dagegen ist der *D. catarrhalis* (R. Pfeiff.) der Erreger der außerordentlich vielseitigen katarrhalischen Erkrankungen in jedem Lebensalter des Menschen; er ist auch der Erreger der flüchtig vorbeigehenden Bläschen an den Lippen und der Nasenöffnung, des sogenannten *Herpes catarrhalis* [1]); ähnliche Erscheinungen kommen auch beim Genickstarre-Erreger vor. So haben überhaupt die beiden ersteren Spezies nähere Verwandtschaft, die beiden letzteren sogar eine so weitgehende Ähnlichkeit, so daß bei diesen letzteren auf Grund der Untersuchungen Herzogs noch nicht mit abschließender Bestimmtheit von zwei Arten gesprochen werden kann. Vor allem müßte experimentell festgestellt werden, ob lebendes Material des typischen Trachom-Erregers eine typische Gonorrhoe zu erzeugen imstande ist. Wahrscheinlicher scheint es aber zu sein, daß es sich auch hier um zwei distinkte Spezies handelt, zumal doch Trachom und Ophthalmo-Blennorrhoe klinisch und in der Intensität charakteristische und konstante Verschiedenheiten aufzuweisen scheinen. Aber auch wechselseitige Beziehungen zwischen diesen beiden Artgruppen in klinischer Beziehung bestehen, ich erinnere nur an die Erscheinungen der Verengungen des Bronchial-Kanales bei Anwesenheit von *Dipl. catarrhalis* (R. Pfeiff.) und der Uretra bei Anwesenheit von *Dipl. gonorrhoeae* (Neiß.) [Strikturen]. Ähnliche Verengungen treten auch bei allen Nasen-Katarrhen in der Nase auf. Jedenfalls ist das eine sicher, daß alle vier Spezies einer in jeder Beziehung ausgesprochen charakteristischen Gattung angehören, die durch Form, Entwicklung, Lebensweise und Wirkung von allen nahestehenden Genera isoliert erscheint. Vor allem im Gegensatz zu allen Gattungen der Familie Micrococcidae zeigen sich tiefgreifende Unterschiede.

Vermutlich ist hier zur Gattung Diplococcus noch eine ganze Reihe von Organismen zu stellen, die noch an ganz und gar unrichtiger Stelle stehen, teilweise sogar auch zu den Chlamydozoen gestellt worden sind. Auf diese kann hier nicht eingegangen werden, da hierzu subtilste Prüfungen erforderlich sind.

Was nun die vergleichend-morphologische Bedeutung der an der Grenze

---

[1]) Vielleicht hat auch die sogen. Páramo-Krankheit im Hochland von Peru, bei der ausgedehnte Schorfbildungen über das ganze Gesicht, von Nase und Mund ausgehend, sich ausbreiten, einen hierher (in dieses Genus) gehörigen Erreger.

des Sichtbaren stehenden winzigen Kugeln anbetrifft, so muß ich aus Bakterien-Cyclogenie (Berlin 1925) einiges rekapitulieren.

Es hatte sich herausgestellt, daß nach den Subvisiblen zu, den sogenannten Invisiblen, das Plasma des Mychites im Verhältnis zum Kern (Mych) immer mehr abnimmt. Bei Microgonidien und Microgoniten konnte festgestellt werden, daß zuweilen das Zellplasma nur noch als winzige Kalotte übriggeblieben ist. Dahingegen ist bei zahlreichen Invisiblen eine durchgängige Homogenität der Masse festgestellt worden, die in Verbindung mit ihrer auffällig geringen Färbbarkeit — und das nur mit Fuchsin, nicht mit sogenannten Kernfarben, die Dotterelemente (Reservestoffe wie Nucleïnsäure-Derivate, Lipoide etc.) färben — darlegen, daß es sich um reinen Kernstoff (Mychin, Linin) handelt, denen der Eiweißreservestoff der Zellplasmahülle noch gänzlich mangelt, also einen zelllosen Kern (**Protit** bez. **Symprotit**).

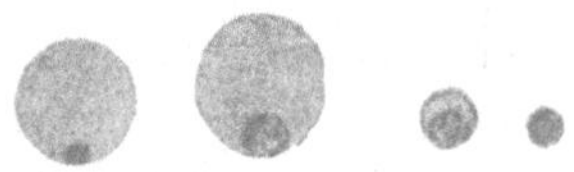

Fig. 3. *Micrococcus aureus* (Rosenb.). Mychit. Vergr. 10000 : 1.
Fig. 4. *Diplococcus intracellularis* (Weichselb.) [Genickstarre-Erreger], Mychit. Vergr. 10000 : 1.
Fig. 5. *Microspira comma* (Schröt.) [Cholera-Erreger], Microgonit mit nur ganz kleiner Zellplasma-Kalotte. Vergr. 10000 : 1.
Fig. 6. *Chlamydozoon variolae* (Prow.) [Pocken-Erreger]. Besonders großes Symprotit (ohne jede Spur von Zellplasma; nur Kernsubstanz). Vergr. 10000 : 1.

Bemerkung: Die Zeichnungen sind nach Messungen in dieser zehntausendfachen Vergrößerung gezeichnet, da sie kleiner überhaupt nicht klar wiedergegeben werden können; in einer gewissen Entfernung vom Auge betrachtet, und zwar etwa in Armlänge abstehend, sieht man das Bild in 1000facher Vergrößerung, also etwa das Bild, wie es im Mikroskop erscheint.

Fig. 3 bis 6 demonstriert dies an einigen Beispielen.

Der Brennpunkt der Frage ist nun der, welche von diesen winzigen Kugeln gehören zu den Prototen, welche sind Mychite. Durch die Cyclogenie haben wir erkannt, daß die verschiedensten Formen Stadien einer Entwicklungsreihe (Cyclode) sein können, von denen jedes Stadium für sich durch unzählige Generationen hindurch gleichartig bleiben kann. Kann nun auch das Protit und Symprotit, nur aus Kernplasma bestehend und gänzlich ohne Zellplasma, in die Cyclode einer Bakterie als oberste Stufe eintreten? Und umgekehrt lautet die Frage, wäre es möglich, daß auch für manche Bakterien das Ausgangs-Cyclostadium im Symprotit, das zugleich Wuchsform als auch Cyclostadium darstellt, zu suchen ist. Für die vorstehend erwähnten Spezies der Gattung Diplococcus ist diese Frage schwierig zu beantworten. Zwar ist die Größe von 0,2 μ beim Probasit des *D. gonorrhoeae* (Neiß.) außerordentlich klein und liegt unter der Maximalgröße des Kernapparates (Mych) der Bakterien von 0,25 μ. Aber einerseits geht die Minimalgröße des Mych besonders bei vielen Micrococcen bis auf 0,1 μ hinunter und das *Chlamydozoon variolae* Prow., der Erreger der Pocken, steigt bis zu einem Durchmesser von 0,25 μ der homogenen Kernmasse, und andererseits hat der Kern (Mych) von *D. intracellularis* (Weichselb. 1887) einen Durchmesser von 0,2 μ, also eine für Monomychoten ungewöhnliche Größe. Da es mir aber in dieser Gruppe immer möglich gewesen ist, den Kernapparat auch bei der winzigsten Kugel (Mychit) nachzuweisen, so ist vor der Hand auf diese Nachweise zu fußen. Gegenteilige Beobachtungen, wie sie PROWAZEK und andere angeben, beruhen auf Überfärbung, wie ich in „Bakterien-Cyclogenie" nachgewiesen habe. Für sichere Beweise ist nach Auslösung der Reste von Nucleïnsäurederivaten, Lipoiden etc. durch Alkoholäther, 5% Na_2CO_3 und 12% Salpetersäure oder noch besser durch 5% Schwefelsäure (8—12 Stunden) oder 7—10% Salzsäure (2—6 Stunden)[1]) eine sehr kurze Färbung mit gewöhnlichem Karbolfuchsin in Verdünnung von 1 zu 9 Teilen Wasser erforderlich. Stärkere Färbungen differenzieren in keiner Weise. Immerhin wäre es nicht ausgeschlossen, daß auch hier ein wenigstens vorübergehender Eintritt in das **Symprotit-Stadium** stattfindet. Solange die Diplococcus-Spezies in dem Trachom-Körper, bzw. dem Gonorrhoe-Körper, dem Meningitis-Körper oder Katarrh-Körper, also der intrazellulären Kolonie zusammengehalten werden, solange scheint es noch einheitlich sich um Mychite bezw. Diplomychite zu handeln. Aber wenn die Wirtszelle nach Zerstörung und nach voluminöser Anschwellung des **Virus-Körpers** (der intrazellulären Kolonie) schließlich durch Einreißen in die Zellwand geöffnet wird — und das scheint meist an der Stelle des Virus-Körpers sich zu ereignen —, so wird der Inhalt des Virus-Körpers ausgestreut. Auch dieses Bild dürfte für alle vier Spezies typisch sein und dem in Fig. 1 und 2 von *Dipl. catarrhalis* (R. Pfeiff.) abgebildeten gleichen.

Nun ist aber gerade an solchen Bildern etwas ganz Besonderes zu bemerken, wie es auch in Fig. 2 angedeutet ist. Während nämlich die noch in der Wirtszelle liegenden Mychite relativ stärker gefärbt sind, nimmt die Intensität der Färbung nach den Individuen, die außerhalb der Zelle liegen, immer mehr ab, so daß die äußeren allmählich dem Auge in der Granulation der umgebenden Katarrh-Konkregation aufgehen; ja es scheint fast, als ob hierbei die Erscheinung von einem Zerfall begleitet würde. Jedenfalls

[1]) cf. auch: Schumacher, J., Über den Nachweis des Bakterienkernes und seine chemische Zusammensetzung. C. f. Bakt. I. Orig. Vol. 97, 1926, p. 81—104, Taf. 1.

würde das eine natürliche Erklärung der merkwürdigen Tatsache sein, daß im Katarrh-Material wenigstens anfangs anscheinend nur unverhältnismäßig wenige Individuen des *Dipl. catarrhalis* (R. Pfeiff.) verstreut liegen. Sie sind eben „invisibel" geworden. Hier müßten nun subtilste Untersuchungen einsetzen, ob für die Diplococcus-Gruppe bereits das Symprotit-Stadium in Frage käme. Falls aber dieses Stadium beim *Dipl. catarrhalis* (R. Pfeiff.) wirklich vorkommen sollte, so müßte man immerhin die Möglichkeit erwägen, ob vielleicht das invisible Virus des Schnupfens, das *Aphanozoon coryzae* Kruse 1914, dieses Symprotit-Stadium in cyclogenetischem Sinne wäre.

Selbst aber wenn dies nicht der Fall ist, so erscheint mir bei anderen Fällen die außerordentliche Kleinheit der dabei beobachteten Gebilde doch kaum noch eine andere Deutung zu gestatten, da sie eben unter der geringsten Größe der Bakterienkerne (Mych) liegt.

Ich möchte hierfür nur ein einziges Beispiel anführen, bei dem dies zutrifft, nämlich den Erreger des Scharlachs, den *Streptococcus haemolyticus scarlatinae*. Gerade von diesem Krankheitserreger ist das filtrierbare Virus neben typischen Streptococcen beobachtet worden, und der Mangel cyclogenetischer Einsicht und geeigneter Untersuchungsmethoden haben endlose Kontroversen veranlaßt (cf. auch FRIEDMANN, Die Übertragung des Scharlachs. D. Med. Wochenschr. 52, 1926, p. 2147—2150). Aber gerade hier scheint es mir sehr wahrscheinlich zu sein, daß die Cyclode aus zwei Cyclostadien besteht, von denen das erste das Symprotit, das zweite das Probasit darstellt.

Gerade solche vergleichend morphologischen und systematischen Gesichtspunkte über die Natur des Erregers sind, wie ich es vorstehend für die Diplococcus-Gruppe gezeigt habe, von fundamentaler Bedeutung für die Ätiologie der Krankheiten, ihre Prophylaxe und ihre Therapie.

FSC
www.fsc.org
MIX
Papier | Fördert gute Waldnutzung
FSC® C083411

Zeitfracht Medien GmbH
Ferdinand-Jühlke-Straße 7
99095 Erfurt, Deutschland
produktsicherheit@kolibri360.de